I0076103

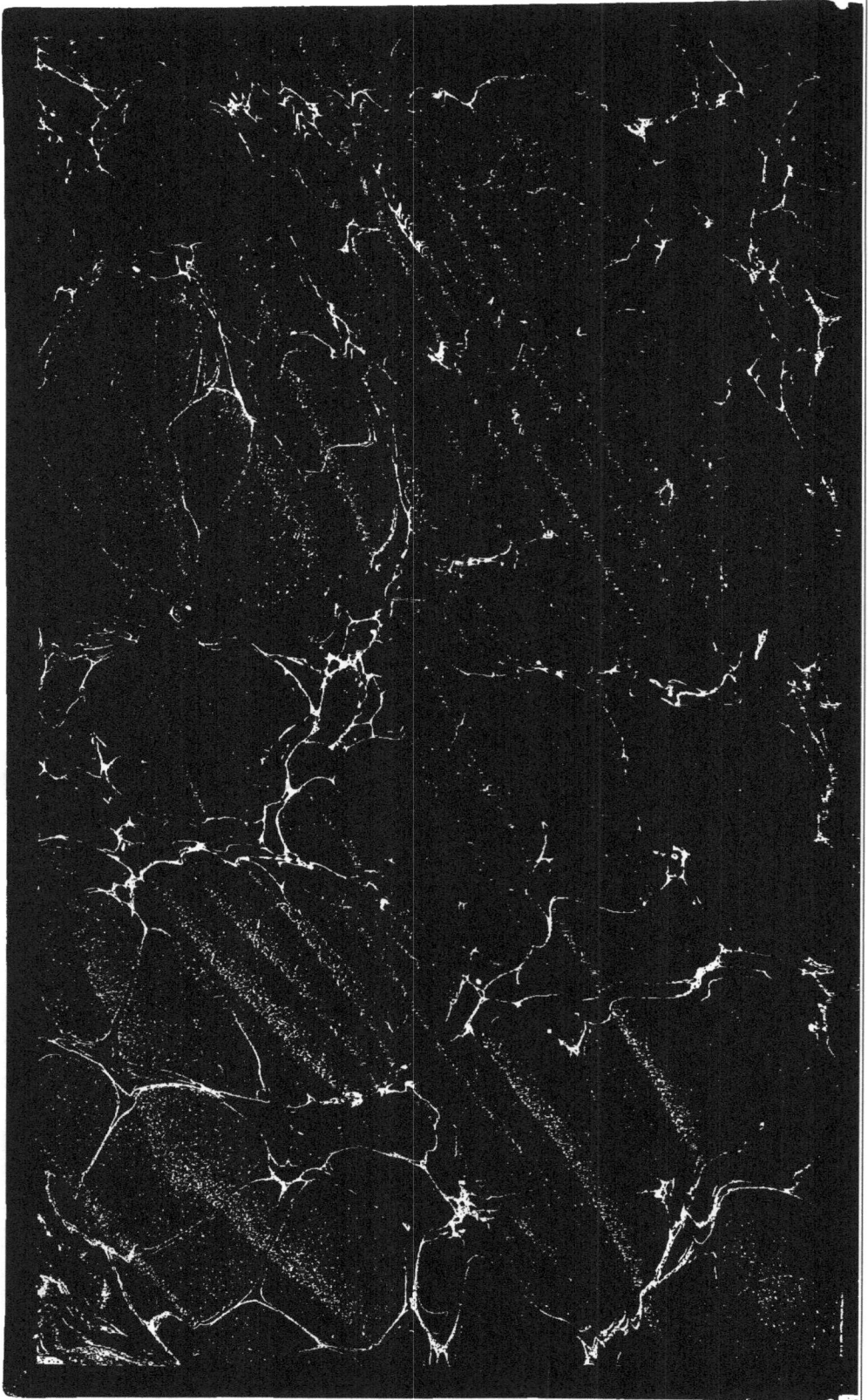

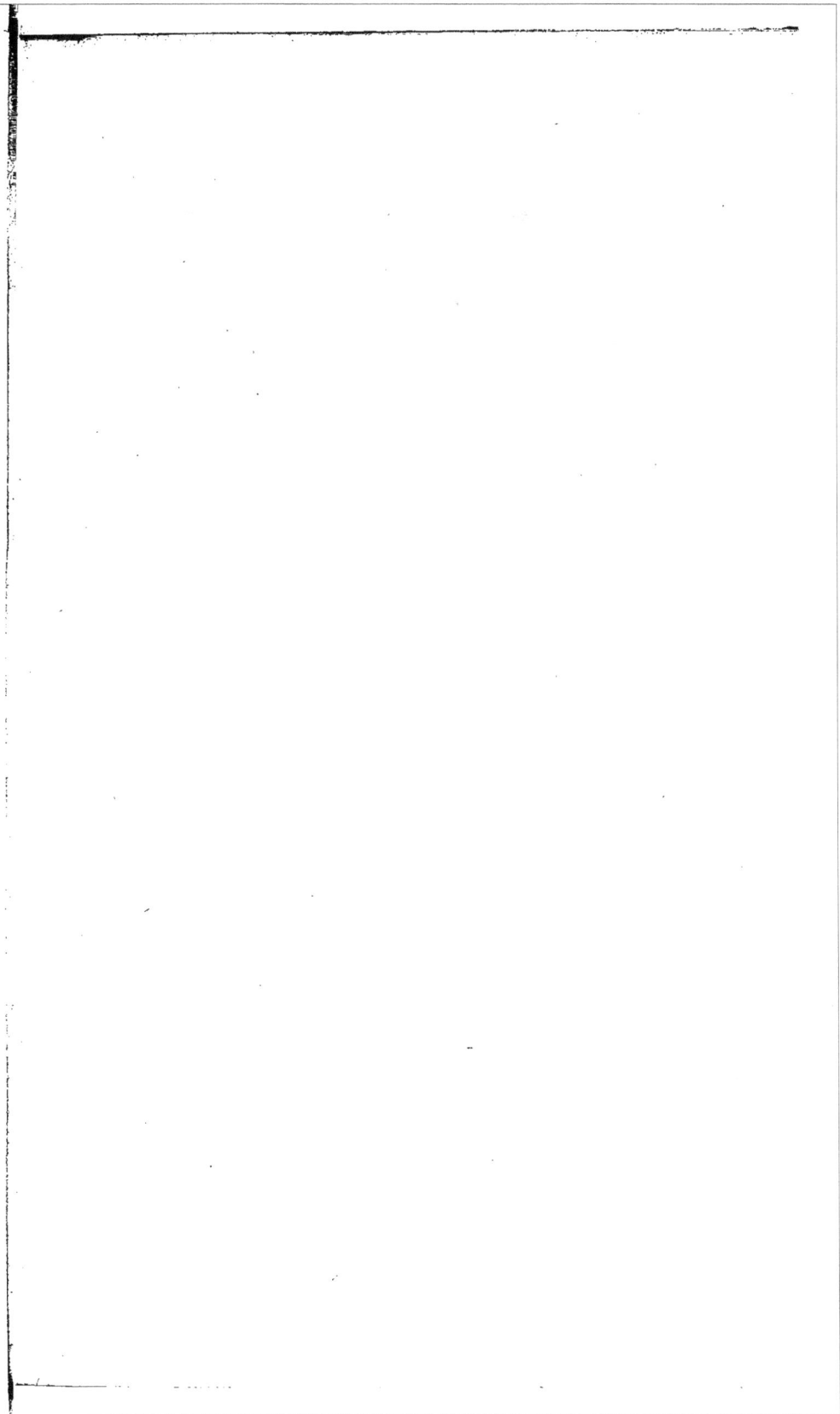

27352

EXTRAITS

D'UNE LETTRE

DE M. FRESNEL,

AGENT CONSULAIRE DE FRANCE À DJEDDAH,

A M. JOMARD,

MEMBRE DE L'INSTITUT DE FRANCE,

SUR CERTAINS QUADRUPÈDES RÉPUTÉS FABULEUX.

PARIS.

IMPRIMERIE ROYALE.

M DCCC XLIV.

EXTRAIT N° 4 DE L'ANNÉE 1844

DU JOURNAL ASIATIQUE.

NOTE PRÉLIMINAIRE.

Le pays de Bargou, auquel se rapporte la description de M. F. Fresnel, est peu connu et ne paraît avoir été visité par aucun Européen; du moins aucun voyageur n'a publié de relation sur cette contrée reculée. Je ne connais de voyage au pays de Bargou (autrement Dar-Soulayh et Waday), qui ait été écrit, que celui qu'a exécuté et rédigé le cheikh Mohammed el-Tounsy, résidant au Kaire. Ce voyage vient d'être traduit par le D'Perron, directeur de l'École médicale d'Égypte, comme le voyage au Darfour, qui a été écrit par le même cheikh, et qui sera bientôt mis sous presse. Aussitôt après la publication de celui-ci, j'espère pouvoir faire imprimer la relation du voyage au Waday. Ce pays est situé à l'O. N. O. du Darfour. La distance de Nemro, sa capitale, à Kobé, celle du Darfour, est d'environ seize journées de marche au pas de caravane. La longueur E. O. est d'environ dix-huit journées. Le sultan du Bargou résidait en 1826 à Ouaro. On croit que le Bahr-Misselad, grande rivière mentionnée par Browne, coule au travers de ce pays; les uns la dirigent au N. O. vers le Schary, affluent du lac Tchad; les autres en font un affluent du Bahr-el-Abiad.

Selon M. Kœnig, orientaliste établi depuis longues années en Égypte, le nom ne doit pas être écrit Borgou, mais Bargou ou Bergou (بَرڤو).

J'aurais désiré joindre ici le témoignage du cheikh Moham-

2

med-el-Tounsy, venant en confirmation du récit fait au savant orientaliste M. Fresnel; n'ayant pu le recevoir encore, je n'ai pas cru devoir tarder plus longtemps à soumettre ce mémoire au jugement des naturalistes et des philologues.

J—D.

EXTRAITS

D'UNE LETTRE

DE M. FRESNEL,

AGENT CONSULAIRE DE FRANCE À DJEDDAH,

A M. JOMARD,

MEMBRE DE L'INSTITUT DE FRANCE,

SUR CERTAINS QUADRUPÈDES RÉPUTÉS FABULEUX [1].

———◆———

Djeddah, 20 avril 1843.

Monsieur,

. . . . J'ai à vous offrir quelques renseignements sur une question de zoologie sacrée qui a donné lieu, depuis Bochart, à de nombreuses et infructueuses recherches. Si mes renseignements ne sont pas entièrement neufs, si, à mon insu, j'ai été devancé par quelque voyageur ancien ou moderne, j'ose espérer que l'Académie daignera toujours agréer cette notice comme confirmation d'un fait dont la connaissance lui serait déjà parvenue. Voici, en deux mots, ce que je viens d'apprendre : — «La licorne existe en Afrique, telle que nous la représentent les livres sacrés, et telle, à peu près, que Pline nous l'a décrite.» Bien que je n'aie point vu cet animal, et n'aie pas même l'espérance de le

[1] Lue à l'Académie des inscriptions et belles-lettres, le 27 octobre 1843.

3

voir, il ne me reste aucun doute sur son existence. Durant un séjour de douze ans en Afrique et en Arabie, j'ai acquis (à tout le moins) la connaissance des hommes avec lesquels je me trouve chaque jour en rapport forcé. J'ai pu estimer d'une manière générale et approximative le degré de véracité des différentes races, et la valeur relative de leurs témoignages. Je distingue entre les fables qu'on admet dans la simplicité de son cœur, et les faits qu'on atteste comme témoin oculaire. Entre les hommes de même famille, quelques heures d'entretien, ou, selon les cas, quelques jours ou quelques mois de relations plus ou moins suivies, me donnent la mesure d'un individu, et la valeur personnelle de son témoignage là où il n'a pas d'intérêt à mentir.

Voici donc le détail de ce que j'ai appris en basant ma conviction sur le degré de confiance que m'inspire tel ou tel individu, telle ou telle famille d'hommes.

Il y a dans le Dar-Borgou, autrement nommé Dar-Soulayh (صُلَيْح), à l'est du fameux lac central, et aussi dans la région de Guenga (*Donga*, *Dinka*, *Djenka*), au sud de Fertît et de Dâr-Foûr [1], une licorne-*urus* (*bos* ou *bison*), non pas une licorne *chevaline*, comme on se la figurait au moyen âge, mais une licorne comparable au taureau sauvage ou au buffle. En lui donnant l'épithète de *bos*, *urus* ou *bi-*

---

[1] Consultez la nouvelle carte du cours du Bahr-el-Abiad par M. d'Arnaud, que j'ai publiée dans le cahier de février 1843, Soc. de géographie. J-D.

son, je n'ai pas la moindre intention de classer l'animal dans le sens zoologique; car je le tiens pachyderme et non ruminant; mais je veux, autant que possible, rendre la pensée de celui qui me l'a décrit minutieusement, et dont la description donne un sens rationnel à divers passages de la Bible, notamment à un passage du livre de Job (XXXIX, 10) sur lequel Michaëlis insiste avec raison dans sa XLVIe question touchant le *rém* ou *reém*, רים ou רְאֵם (p. 98).

Cela posé et bien entendu, je me hâte d'ajouter que la ressemblance avec le buffle ou le taureau paraît limitée à la masse du corps proprement dit, y compris le haut de la tête, et ne s'étend point aux extrémités, telles que les pieds, la queue, la corne et le groin. Encore le poitrail et les épaules de la licorne sont-ils beaucoup plus larges que ceux du taureau. L'animal que je décris est beaucoup plus trapu, beaucoup plus ramassé dans sa forme, qu'aucun des ruminants connus, y compris le bison, ses trois dimensions étant à peu près égales (six pieds de longueur sur cinq de hauteur et quatre de largeur). En retranchant la longueur des jambes (une coudée ou un pied et demi) de la hauteur totale de l'individu, on a de reste trois pieds et demi pour son épaisseur comptée de la surface du dos à la surface de l'abdomen. Abstraction faite du vide qui reste entre l'abdomen et le sol, quand la bête est portée sur ses jambes, on peut la comparer à un sphéroïde ou un cube irrégulier.

Les jambes (d'un pied et demi de longueur) sont massives, semblables à celles de l'éléphant. Elles ne sont point sensiblement flexibles ou articulées, à telles enseignes que quand l'animal dort couché sur le flanc, elles se trouvent, relativement à son corps, dans la même situation que s'il était debout, c'est-à-dire droites et rigides.

Le pied est arrondi et porte en avant deux ongles, ou, s'il est permis de s'exprimer ainsi, un pied fourchu accessoire, dont la trace est semblable à celle du mouton, outre un sabot sur le bord externe, dont l'empreinte est comparable à celle du pied de l'âne, en sorte que l'on dirait, pour rendre la pensée de mon informateur soulayhi ou borgâwi, « qu'une brebis et un âne ayant passé par le même chemin et imprimé leurs traces, l'une en avant, l'autre sur le côté, à quelques pouces de distance et en arrière, la licorne est venue ensuite inscrire son cercle de six pouces de diamètre entre les traces et tangentiellement aux traces de la brebis et de l'âne. » Ceci n'est point un commentaire, mais la traduction géométrique de ce que je viens d'entendre.

La queue est courte, glabre dans la ligne médiane, garnie de poils sur les bords, et terminée par un riche émouchoir dont les crins sont plus courts, mais aussi beaucoup plus forts que ceux du cheval.

La peau générale est presque nue, semblable à celle d'un chameau galeux, sauf une ligne de poils qui part de la nuque et se dirige vers le milieu du dos. Cette peau est plus épaisse que celle du *kher-tit* (rhinocéros). C'est la plus épaisse de toutes les peaux connues en Afrique.

Mais ce qui distingue la licorne entre tous les animaux auxquels on pourrait la comparer, c'est une corne unique, mobile, susceptible d'érection (en ce sens qu'elle peut recevoir de la volonté de l'animal une position invariable relativement à la surface du front), ayant son origine à la partie basse et médiane du front, non sur le bout du nez, comme chez le rhinocéros, mais au haut du nez et entre les yeux. Cette corne est d'un gris cendré, couleur générale de la bête, dans les deux tiers de sa longueur; le tiers supérieur est d'un rouge écarlate et se termine par une pointe extrêmement aiguë. Elle est longue d'une coudée (dix-huit pouces). Quand la licorne n'est point inquiétée, elle balance, en marchant, sa corne à droite et à gauche. Abdallah-Soulayhi, le plus intelligent de ceux qui me renseignent, ne se rend pas bien compte de ce mouvement oscillatoire, mouvement qu'il a observé de ses yeux. Il est probable que le centre d'oscillation se trouve à la base même de la corne, qui, formée d'une substance dure, ne peut être douée de flexibilité. La licorne charge son ennemi tête baissée, le perce de sa puissante aiguille, l'enlève, le jette en l'air et revient à la charge, comme ferait un taureau furieux, jusqu'à ce qu'elle l'ait mis en lambeaux.

La tête présente deux protubérances latérales

au-dessus des oreilles ou derrière les oreilles, protubérances qui révèlent un instinct sanguinaire. Le museau rappelle celui du sanglier. Les oreilles sont petites, et l'ouïe plus fine que la vue n'est perçante.

La déjection alvine forme un monticule de deux pieds de hauteur, où chaque bol excrémentiel est de la grosseur d'un melon.

La licorne n'a qu'un petit.

Quand on veut lui donner la chasse, plusieurs hommes, quelquefois plusieurs villages, se réunissent. A l'exception d'un ou deux coureurs de profession, dont la fonction est de lancer ou lever ou faire lever la licorne, tous les chasseurs sont à cheval, armés de lances à large fer, quelquefois aussi de javelots. Les chevaux blancs, ou d'une couleur blanchâtre, sont ceux qu'ils montent de préférence, l'expérience leur ayant appris que la vue du blanc excite à un haut degré la fureur de la bête, et qu'il est aisé de lui donner le change avec un objet qui l'irrite. L'époque la plus favorable à cette chasse est celle des grandes chaleurs qui précèdent les pluies intertropicales; l'heure la plus propice est celle de midi; car la licorne aime l'ombre et la nuit, et fournit péniblement sa carrière au grand soleil.

Celui qui se charge de lancer la licorne, va la chercher à sa bauge, au lieu où elle dort vers le milieu du jour; et, s'il ne l'a pas déjà réveillée par le bruit de ses pas, lui jette une pierre ou un dard pour la mettre sur pied. On reconnaît qu'elle dort au mouvement incessant de ses oreilles, qui, durant son repos, font l'office de chasse-mouches. Quand les oreilles sont fixes et droites, on peut être certain qu'elle est éveillée, qu'elle a entendu quelque bruit, et cherche des yeux celui qui s'approche.

La licorne, frappée ou non, n'a pas plutôt reconnu l'ennemi, qu'elle se lève brusquement par un effort de tous ses muscles et fond sur lui. Le coureur détale et se dirige sur un arbre situé dans la plaine qui doit être le théâtre du combat, et autour de laquelle les chasseurs à cheval sont distribués et cachés. La course de la licorne n'étant pas extrêmement rapide, un bon coureur peut toujours lui échapper, pourvu que le refuge ne soit pas à une trop grande distance du point de départ; car si l'homme poursuivi ne rencontre dans sa fuite aucune forteresse naturelle ou artificielle, la licorne, plus infatigable que lui, finit toujours par l'atteindre. Quant au cavalier, s'il est bien monté, il n'a rien à redouter. Le chasseur à pied est hors de danger dès qu'il a pu grimper sur un arbre de grosseur et hauteur suffisantes; mais la licorne le guette d'en bas et passerait au pied de l'arbre le reste du jour et la nuit suivante si l'on ne venait lui donner le change.

Tandis qu'elle court encore, un des cavaliers embusqués s'est détaché, a lancé son cheval sur les traces de la bête, et, parvenu à la portée du trait, lui envoie un coup par derrière et entre les cuisses, ou obliquement et sous le ventre. Un coup sur le

dos, la tête ou la croupe ne lui ferait aucun mal,
en raison de l'épaisseur et de la dureté de la peau
dans toute la moitié supérieure de son corps; mais
alors même que le javelot atteint son but, la bles-
sure ne saurait être grave; aussi le fort chasseur,
le Nemrod de Borgou, se sert-il, dès le début,
de la lance à large fer. Tenant sa lance en arrêt,
parfaitement assujettie sous son bras au moyen d'une
flexion du poignet qui reporte, du dedans au de-
hors, sa main droite sur la hampe, ou bien dans la
position la plus naturelle, c'est-à-dire la main
sous la hampe, s'il craint de se fatiguer le poignet,
il passe au galop derrière la licorne qui poursuit
le coureur, lui porte, au passage, de toute la force
de son bras et de toute la vitesse de son cheval mul-
tipliée par la masse en mouvement, un coup dans
la région inguinale, puis, dégageant aussitôt son
arme, dont l'extraction donne cours à un fleuve de
sang, il fait faire une demi-volte à son cheval, sans
interrompre son galop. La licorne, blessée, se re-
tourne, et, abandonnant le chasseur à pied, se met
à la poursuite du cavalier. En cet instant, un second cavalier se détache, court sus à la licorne qui
poursuit elle-même le premier cavalier, et, passant
derrière elle au galop, lui porte un second coup
dans la région inguinale ou abdominale. La licorne
fait volte-face et se précipite sur le nouvel ennemi,
qui bat en retraite comme les deux premiers. Observons qu'il n'y a point de lâcheté dans ces fuites,
parce que, la licorne courant toujours tête baissée

quand elle charge, tous les coups portés par devant, dans le cas où l'on voudrait lui faire tête, seraient des coups perdus et exposeraient le chasseur à une mort presque certaine. Ainsi que nous l'avons dit, l'animal est parfaitement cuirassé et parfaitement invulnérable partout ailleurs que dans les parties basses. Le premier cavalier revient alors à la charge, ou bien un troisième entre en lice pour délivrer celui qui vient de donner, et percer la licorne d'un troisième coup, et ainsi de suite, alternativement, comme au jeu de bague. Ce manége est continué jusqu'à ce que la bête commence à faiblir par la perte de son sang. Bientôt le cercle des chasseurs se resserre et les coups de lance se succèdent avec une rapidité croissante, jusqu'à ce qu'enfin la licorne succombe. Ce qu'elle répand de sang avant que d'expirer, est hors de proportion avec la mesure que peut donner un bœuf.

Les habitants de Borgou (Dar-Soulayh) et de Guenga s'accordent à dire que cette licorne, nommée en arabe borgâwi *abou-karn* (أَبُو قَرْن), est la plus formidable de toutes les bêtes féroces. Elle tue l'homme sans provocation et sans but. Elle ne l'a pas plutôt vu que, poussée par un instinct tout-puissant d'hostilité, elle lui court sus, et, si elle l'atteint, le transperce et le massacre; mais elle ne le mange pas. La licorne est frugivore, et se nourrit principalement de pastèques et de cotonnier.

Permettez-moi, monsieur, de reproduire ici quelques-uns des renseignements que nous trouvons chez les anciens sur cet animal mystérieux.

Nous lisons au psaume xxi (Héb. xxii), v. 21 ou (Héb.) 22 : «Sauvez-moi de la gueule du lion et des cornes des licornes. Vous m'avez exaucé,» ou bien, en suivant la ponctuation du texte hébreu, qui n'admet point d'accent disjonctif dans la dernière partie de la phrase : «Sauvez-moi de la gueule du lion; (déjà) vous m'avez entendu (et délivré) des cornes des licornes.» Le mot qui signifie *licorne*, est *rém* ou *reém* (רֵים ou רְאֵם ou רְאֵים). L'orthographe de ce mot varie d'un livre sacré à l'autre. Celle de Job est conforme à l'orthographe arabe d'un mot, ريم, qui, selon l'auteur du Kâmoûs, s'appliquerait à une «gazelle éclatante de blancheur.» Il est évident que le psalmiste n'invoque pas le secours de Dieu contre des gazelles, et qu'ainsi le mot arabe doit avoir un tout autre sens que le mot hébreu qui s'écrit de la même manière.

La confusion des racines appliquées à la nomenclature des animaux est une chose fréquente, non-seulement entre langues sœurs, mais dans le domaine d'une seule et même langue; bouc et biche, cerf et chèvre, en sont des exemples frappants.

Il est à remarquer ici, et cette remarque, quelque déplacée qu'elle paraisse au premier aspect, n'est point étrangère à mon sujet, il est à remar-

quer que ce psaume xxii, selon l'hébreu, si pathé-
tique, si accablant de démoralisation et de terreur
dans sa première partie, si ravivant d'espoir et de
consolation dans la dernière, se divise naturelle-
ment, et, pour ainsi dire, de lui-même, en deux
actes bien tranchés, dont le premier peut s'intituler
abandon, et le second *délivrance*. Au premier acte,
le roi-prophète exprime, avec les sons les plus dé-
chirants de sa lyre, la douleur qui l'oppresse dans
un de ces moments d'épreuve où Dieu laisse sans
réponse les prières de ses saints. Un demi-ton de
plus, et les lamentations du psalmiste prendraient
un caractère d'impiété. Selon les ascètes les plus
élevés, cet abandon temporaire est le *non plus ultra*
des tentations auxquelles Dieu soumet ses élus. Ce
fut aussi la dernière de celles auxquelles l'homme-
Dieu se soumit. Dans le tableau du délaissement où
il se trouve, le poëte sacré passe en revue les ennemis qui l'assiégent; les jeunes taureaux, les taureaux de Basan, les chiens, les méchants, le lion,
et enfin les licornes; et c'est juste au moment où
il est menacé par les cornes des licornes, c'est-à-
dire au plus fort du danger, de la terreur et de la
tentation, que Dieu vient à son aide et que le second acte commence. A partir de ce point, le
psaume n'est plus qu'un *Te Deum* prophétique
jusqu'à la fin.

Or cette gradation, au point culminant (qui est
celui où je voulais arriver en exposant la marche
du psaume xxii telle que je la conçois), sont tout

à fait conformes à l'opinion reçue dans l'Afrique centrale : « Que la licorne (*abou-karn*) est le plus formidable de tous les animaux féroces, sans en excepter le lion, » animal beaucoup moins héroïque, royal, ou grandiose, qu'on ne se le figure généralement en Europe, puisqu'il ne vous attaque sérieusement qu'autant qu'il voit que vous avez peur de lui, ou qu'il peut tomber sur vous à l'improviste. Si la licorne ne se trouve ni en Arabie, ni dans le mont Liban (et c'est, je crois, la seule objection de Gesenius contre le Μονοχέρως des Septante), il ne s'ensuit pas que Moïse et David ne l'aient point connue. Le lion aussi a disparu des contrées sémitiques et du théâtre de la Bible. Mais j'admets que la licorne n'ait jamais mis le pied en Palestine : que direz-vous de Léviathan? Léviathan, que ce soit le serpent de mer ou le crocodile, n'a dû se présenter que bien rarement aux yeux des juifs après leur sortie d'Égypte, et cependant leur imagination était obsédée par la figure, véridique ou mensongère, de ce roi des eaux, à tel point que son nom fut employé figurativement dans le langage universel (comme chez nous tigre ou lion), pour désigner un puissant ennemi. On en peut dire autant de Béhémoth, l'hippopotame. Mais il est une objection et plus grave et plus intéressante contre le *Monoceros* des Septante ; c'est qu'on ne trouve point, que je sache, la figure de la licorne sur les monuments de l'antique Égypte[1], où elle devait être mieux

[1] Une licorne est figurée sur les monuments persépolitains; mais

connue qu'en Palestine. Il y a deux réponses à cette objection. La première s'appuie d'un passage de Pline sur lequel nous reviendrons : « Hanc feram vi- « vam negant capi. » On sait que les Égyptiens ne pei- gnaient point sur leurs monuments d'autres animaux étrangers que ceux qui leur étaient envoyés en pré- sent ou en tribut par les rois barbares. Si donc la licorne ne se laissait pas encore prendre au temps de Pline, il est tout simple que son portrait ne se rencontre point sur les monuments égyptiens. La seconde réponse est déduite d'une analogie néga- tive : la licorne a pu être exclue des fresques égyp- tiennes par les mêmes raisons (ignorées) qui en ont fait exclure le chameau.

Nous lisons au livre de Job (xxxix, 10) : « Atta- cherez-vous la licorne à la charrue pour former des sillons, ou vous suivra-t-elle aplanissant avec la herse les (mottes des) vallées ? »

En défiant Job de remplacer les bœufs par des licornes attelées à sa charrue ou à sa herse, Dieu fait évidemment allusion à la ressemblance som- maire et frappante qui existe entre ces deux genres d'animaux, du moins sous les rapports de la sta- ture, de la force et de la masse ; et il est impos- sible de ne pas observer ici que le défi de Dieu est admirablement commenté par ce passage de Pline : « Hanc feram vivam negant capi. »

cette licorne-là ne peut pas être celle des juifs au temps de Moïse. C'est en Égypte, non en Perse ou dans l'Inde, qu'il faut chercher les origines des idées hébraïques.

C'est dans un sens analogue que Dieu dit à Job au verset 4 du même chapitre : « Quis dimisit ona-« grum liberum, et vincula ejus quis solvit? » Et un peu plus loin (v. 7) : « Il (l'onagre ou âne sauvage) se moque de la foule qui remplit les villes, et n'entend point la voix d'un maître impitoyable. » C'est absolument comme si Dieu eût dit : « Pouvez-vous dompter l'onagre qui ressemble tant à vos ânes qu'on le dirait échappé de vos demeures ? Non ; il se moque de vous. »

L'idée que les juifs se formaient du *reém* (licorne) est parfaitement résumée dans ces deux phrases du *Thesaurus linguæ sanctæ* de William Robertson : « Animal est ferum, sævum et prævalidum, » et « con-« stat esse animal valore, et proceritate aut elatione « cornu præferendum tauro. » Ces conditions bien arrêtées de la notion primitive du reém ont conduit quelques interprètes à l'identifier avec l'*urus* ou taureau sauvage ; et, en vérité, il faut convenir que ce rapprochement était très-rationnel ; car, immédiatement après avoir demandé à Job s'il peut remplacer l'âne domestique par l'âne sauvage, Dieu lui demande s'il peut remplacer le bœuf par le réem. Une simple règle de trois donne ici *Aurochs*, ou *urus*, pour l'inconnue réem ; et, en effet, il est positif que « l'âne est à l'onagre comme le bœuf est à l'*aurochs* ou l'*urus*. » Mais cette solution est repoussée par une objection insurmontable : « Le reém est un animal impur. » Le rabbin Saad ayant voulu l'identifier avec la femelle d'un ruminant nommé en hébreu *akkô* (אקו),

le bouquetin, un autre rabbin le réfute ainsi : « Mi-
« rum sane sit, inquit Elias, marem quidem esse
« mundum, non autem fœminam. » Le reém était
donc immonde ; le reém ne peut donc pas être le
taureau sauvage.

Mais la ressemblance générale ou grossière de la
licorne avec le taureau ou le buffle est encore celle
qui frappe les modernes habitants de Borgou. Du
moins, le plus intelligent de ceux que j'ai interro-
gés, dans la série des animaux auxquels il emprunte
successivement ses comparaisons (selon l'usage de
Pline et des peuples barbares), débute constam-
ment par le *bakar* ou *bos* pour représenter par une
image connue la totalité de la bête. Toutefois je ne
saurais passer sous silence le témoignage d'un es-
clave de Guenga (Denka), lequel choisit la mule
pour terme de comparaison générale. Quoique le
Guengâwi soit très-inférieur en intellect au pèlerin
de Borgou, son témoignage, venant à l'appui de
Pline et de Solin, qui comparent la licorne au cheval, doit nécessairement figurer dans cette notice.
Car, si la première assimilation a l'avantage de donner un sens rationnel au passage de Job, la seconde
donne un nouveau degré de probabilité à l'identité
du reém des Hébreux avec le monocéros de Pline,
de Solin et des Septante. Du reste, j'ai tout lieu de
croire, d'après certains traits caractéristiques de la
description des Africains, que l'abou-karn ou licorne est un pachyderme proprement dit, essen-
tiellement différent du rhinocéros, mais plus diffé-

rent encore du taureau, sous le point de vue zoologique ou scientifique, qui, on le sent, ne pouvait pas être celui de l'écrivain sacré. Les solipèdes offrant, sous le rapport scientifique, une certaine analogie avec les pachydermes proprement dits, il semble que la licorne-mule du Guengâwi doit être préférée à la licorne-*urus* du Soulayhi; mais quand il s'agit de descriptions antiques ou empruntées à des peuples barbares, la présomption d'une classification scientifique, ou même d'un simple rapprochement scientifique, peut et doit être écartée; car l'anatomie est une chose excessivement moderne.

On sait d'ailleurs que les anciens n'étaient pas difficiles en fait de ressemblances. Qui pourrait croire aujourd'hui que l'hippopotame fut assimilé au cheval, si son nom même n'en faisait foi? On peut en dire autant des modernes barbares : qui voudra croire en France qu'un fellâh contemporain, s'extasiant devant un hibou, comparait sa figure à celle d'une femme?

En résumé, la licorne-*urus* satisfait au livre de Job, et répond à la XLVI° question de Michaëlis; la licorne-mule satisfait au passage de Pline, que je donnerai plus loin en son entier; et, tout en accordant une préférence décidée, exclusive même, à l'*uras* sur la mule, je m'estime heureux de pouvoir rapprocher deux témoignages oculaires, dont l'un donne raison à l'auteur sacré, l'autre à l'écrivain profane, et qui tendent à prouver, par leur diver-

gence même, l'identité du reém des Hébreux avec
le monocéros de Pline.

Nous lisons au livre des Nombres (xxiii , 22) :
« . . . . Cujus fortitudo similis est
« rhinocerotis. » Lisez : *unicornis*, comme dans les
Psaumes : c'est le même mot, *rém* ou *reém*, qui
figure dans les textes de tous ces passages, mot que
Saint-Jérôme a traduit par « rhinocéros , » et que
les Septante ont rendu par « monocéros. » Je revien-
drai sur ce point; pour le moment, je me borne à
faire observer que :

Il résulte de ce passage des Nombres que la licorne était considérée, dès le temps de Moïse, comme
le « symbole de la force. » *Cujus fortitudo similis est
unicornis. Cujus;* de qui? de Dieu. C'est ainsi que
l'a compris l'auteur de la plus ancienne version
arabe; c'est ainsi que l'a compris Saint-Jérôme. Je
ne dissimulerai point ici que les interprètes diffèrent
entre eux sur le sens du mot hébreu *thôâfôth* תועפות ;
mais adoptons la version de Saint-Jérôme, *fortitudo,* qui est celle des traducteurs anglais, *strength,*
et la notion ou opinion indiquée comme générale
par l'écrivain sacré se trouve parfaitement conforme à celle des modernes habitants de l'Afrique
centrale. Pour eux, abou-karn est, non-seulement
le plus dangereux, mais le plus fort des animaux,
le seul éléphant excepté. Ils affirment qu'abou-karn
est plus fort que le lion , en faisant observer que
« sa force est dans sa corne, » idée tout à fait antique, et dont l'analogue se retrouve en divers lieux

de l'Écriture sainte[1]. Voici ce qu'on me raconte à ce sujet :

Une des plus terribles licornes de Borgou, c'était une femelle suivie de son petit, avait intercepté un chemin vicinal. Un homme du pays, qui avait maison et femme dans chacune des deux bourgades auxquelles le chemin aboutissait, s'étant mis en route une certaine nuit pour se rendre d'un établissement à l'autre, fut assailli et massacré par la licorne. Le lendemain, on trouva ses membres épars. Ce n'était pas le premier forfait de l'ennemi, et les deux villages se réunirent pour le tuer; mais un incident aussi heureux qu'imprévu rendit cette fois inutiles tous chevaux et toutes lances.

La bête ne fut point lancée. Elle tomba sur la bande au moment où on s'y attendait le moins, et donna la chasse à un homme de pied qui avait suivi les chevaux, ou se trouvait là par hasard. L'homme menacé prit la fuite de toute la vitesse de ses jambes, et parvint à un monticule qu'il voulut gravir en courant; mais, avant d'avoir atteint le sommet, il glissa et roula jusqu'au bas du tertre, et jusque entre les jambes et sous le ventre de la licorne. Celle-ci, croyant avoir le chasseur devant elle, et ne distinguant rien au milieu du nuage de poussière qui l'enveloppait, donna de sa corne en terre. C'était à l'époque où les hautes plaines sont complétement desséchées, et déchirées de crevasses provenant du

---

[1] « La force de Béhémoth est dans le nombril de son ventre » (Job, LX, 11). On sait que la force de Samson était dans ses cheveux.

retrait d'une terre argileuse qui, après avoir été profondément délayée par les pluies intertropicales, se trouvant tout à coup exposée aux rayons d'un soleil ardent, se gerce et s'entr'ouvre en tout sens, et acquiert une dureté comparable à celle de la poterie, dans les grandes masses cohérentes dessinées par ses fissures. La redoutable corne s'engagea dans une crevasse transversale à sa direction. Lorsque ensuite la bête voulut soulever et projeter en l'air la roche d'argile sous laquelle sa corne était prise, douée d'une force d'impulsion supérieure à l'adhérence de cet appendice, supérieure aux sensations les plus douloureuses, la licorne rompit, déracina sa propre corne, et, en relevant la tête, montra aux ennemis un front désarmé.

Aveuglée par le sang qui lui coulait dans les yeux, elle prit à son tour la fuite, sans doute pour la première fois de sa vie, en poussant un mugissement plaintif fort différent du hennissement saccadé qui sonnait ses charges. On la courut en vain ce jour-là jusque sur la lisière d'une forêt voisine, qui la déroba aux chasseurs; mais on lui prit son petit, qui fut levé par les chiens de l'espèce des lévriers. Le lendemain ou le surlendemain, on la trouva, en suivant les traces du sang, étendue dans un épais fourré, et réduite à un tel état d'épuisement que l'on en vint aisément à bout.

Celui de qui je tiens le fait était de la chasse.

Avant d'aller plus loin, je crois devoir répondre à une objection que je me fais en ce moment. Dans la traduction des textes empruntés à la Bible, j'ai rendu, dès le principe, le mot hébreu *reém* par le mot français «licorne.» Par cela même j'ai préjugé ce qu'il fallait juger. Sans doute, il eût été plus méthodique de me borner à transcrire le mot hébreu, d'établir ensuite l'identité du *reém* des Hébreux avec l'*abou-karn* de Borgou et de Guenga, et enfin l'identité de ce même abou-karn avec l'*unicornis*, ou *monocéros*, ou licorne des anciens et du moyen âge. Mais j'ai cru pouvoir m'autoriser dès le début de la version des Psaumes, où le mot *reém* est rendu par *unicornis*, et de la version des Septante, où il est traduit par *monocéros*. Cette version des Septante étant la plus ancienne de toutes, et ayant été faite dans un pays dont la faune, réelle ou fabuleuse, est en grande partie commune à la Palestine, mérite, je crois, plus de confiance que toute autre pour ce qui concerne la nomenclature des animaux vrais ou fictifs. Saint-Jérôme a cru qu'il s'agissait du rhinocéros; mais je ne pense pas qu'il soit aujourd'hui nécessaire de réfuter cette opinion selon les règles académiques. L'illustre Gésénius dit positivement : «Le *reém* est l'animal décrit par Pline (*Hist. nat.* VIII, 21, (ou 31 selon les édit.) sous le nom de monocéros)» et négativement : « Le *reém* n'est pas le rhinocéros. »

Voici la description de Pline :

« Asperrimam autem feram monocerotem, reli-
« quo corpore equo similem, capite cervo, pedibus
« elephanto, cauda apro, mugitu gravi, uno cornu

« media fronte cubitum duum eminente. Hanc feram
« vivam negant capi. »

Et je lis dans une note du père Hardouin : « Mo-
« nocerotem in Superioris Æthiopiæ jugis crebro
« reperiri Marmolius est auctor, a quo ea fera des-
« cribitur accurate. (Lib. I. c. xxiii, p. 65.) »

Je regrette vivement de n'avoir pas sous les yeux
la description de Marmol.

Ce fut sans doute sur la foi de Pline que la licorne héraldique du moyen âge fut sommairement
assimilée au cheval (*reliquo corpore equo similem*);
c'est encore sous la forme chevaline qu'elle est figurée aux armoiries d'Angleterre à droite de l'écusson.
Ainsi que nous l'avons vu, cette ressemblance, telle
quelle, est appuyée d'un témoignage moderne. Mais
la description d'Abdallah-Soulayhi, en rapprochant
abou-karn du taureau, pour les caractères exté-
rieurs, a l'immense avantage de donner un sens
rationnel au passage de Job que nous avons cité ;
et, sans établir ici un parallèle déplacé entre l'histoire naturelle de Pline et l'histoire naturelle de
Job, je crois pouvoir affirmer que le témoignage
d'un Arabe du désert, tel qu'a dû être le rédacteur
du livre canonique, est préférable, sur les points
dont il traite, à celui des informateurs de Pline, la
plupart *negotiatores*. D'ailleurs, et à part toute con-
sidération anatomique, il est évident qu'un gros
animal cornu et trapu ressemble plus à un bison
qu'à un cheval, quant à l'ensemble extérieur. En
général, rien de plus animé, de plus vivant, de plus

vrai, que les descriptions d'un bédouin, ou d'un homme qui a mené la vie de bédouin. Rien de plus faux, de plus évidemment absurde, que celles des habitants des villes de l'Orient, ou des voyageurs qui ne sont que « marchands, *negotiatores.* » Dieu me défende de déverser le ridicule sur une classe d'hommes qui a fourni à la science tant d'illustres voyageurs!

Le *capite cervo* de Pline souffre de grandes difficultés (voyez la description de la tête, p. 134 et 135). *Pedibus elephanto* est caractéristique et parfaitement conforme aux témoignages dont je suis l'interprète. *Caudá apro* ne s'éloigne pas beaucoup de la vérité, et, ainsi que *pedibus elephanto*, nous révèle un pachyderme. *Mugitu gravi* est exact, bien que le volume de la voix d'abou-karn soit très-inférieur à celui de la voix du liou. *Uno cornu nigro, etc.* Ainsi que nous l'avons vu, la corne n'est d'une couleur sombre ou terne que dans les deux premiers tiers de sa longueur, à compter de la racine; le tiers supérieur est du rouge le plus vif et « comme peint en rouge, » pour me servir de l'expression d'Abdallah-Soulayhi. La longueur de cette corne n'est point de deux coudées (*cubitum duum*), mais seulement d'une coudée. Le Guengâwi la fait égale à la longueur totale de son bras. Au reste, cette longueur doit varier avec l'âge de l'animal. Mais le *media fronte*, origine de la corne, est ici la donnée importante, parce que ces deux mots ne permettent pas de confondre le monocéros avec

le rhinocéros. *Hanc feram vivam negant capi.* Ceci
est inexact de nos jours, quoique le renseignement
put et dût être vrai au temps de Pline, et bien avant
lui. On prend aujourd'hui la licorne au piége, avec
ûn lacs, comme tout autre animal, en creusant sur
sa voie des fosses que l'on recouvre de branchages.
Mais les premiers mots de la description de Pline,
Asperrimam........feram, ou de Solin, *Atrocissi-
mum....monoceros,* suffiraient pour réveiller l'idée
d'abou-karn dans l'esprit d'un homme de Borgou
ou de Guenga.

J'avais cru, pendant quelques jours, sur la foi
du P. Hardouin, que Solin n'avait fait que copier
mot pour mot, sans y ajouter un seul trait, la description que Pline nous a laissée du monocéros;
mais on a bien raison de dire qu'il ne faut point
jurer *in verba magistri,* alors même qu'il s'agit d'un
texte que tout le monde peut consulter, ou d'une
citation dont chacun peut vérifier l'exactitude. Car,
ayant eu enfin la curiosité d'ouvrir le *Polyhistor,*
j'y ai trouvé, de plus que dans Pline, deux renseignements très-précieux relativement à la corne
de l'animal qui nous occupe; je dis très-précieux,
parce qu'ils sont tout à fait caractéristiques, et conformes à la description des modernes Africains :

« . . . . .Cornu e media ejus fronte protenditur,
« *splendore mirifico. . .ita acutum* ut quicquid impetat
« facile ictu ejus perforetur. »

Il y a plus, si je ne savais déjà, par le témoignage
du Borgâwi, que l'extrémité de la corne est du *rouge*

le plus vif, il me serait impossible de comprendre le *splendor mirificus* de Solin, appliqué à une arme de cette espèce. La pointe aiguë (*ita acutum ut quicquid impetat, etc.*) est un second caractère important, que mes informateurs n'ont point oublié.

Il faut, autant que possible, et tout lire et tout voir des yeux du corps ; mais à la distance où je me trouve de Borgou et de l'Europe, du centre de l'Afrique et du centre des lumières, je dois me résigner à ne voir que dés yeux de l'esprit l'être vivant que j'ose arracher à la fable pour le donner à l'histoire ; et, ce qui me touche bien plus douloureusement encore, je suis, et resterai désormais privé de ces conversations savantes, et de ces documents précieux, à l'aide desquels on procède si sûrement du connu à l'inconnu dans la sphère lumineuse où vous avez le bonheur de vivre. Mais la vérité, même incomplète, ne porte-t-elle pas un cachet que tout homme éclairé reconnaît à la première vue ?

Somme toute, et abstraction faite des différences de détail entre la description de Pline et celle des modernes Africains, différences inévitables là où il n'y a ni science ni méthode, il ne me reste aucun doute sur les identités que j'ai cherché à établir. On sait que Pline, décrivant le monocéros, ne décrivait pas ce qu'il voyait ou avait vu; mais que, réduit comme nous, à des rapports d'une valeur quelconque, il répétait ce qu'on lui disait, ou copiait ce que d'autres avaient écrit avant lui sur la foi des voyageurs. Mais je tiens mes renseignements de première main; pouvait-il en dire autant? Soyez assez bon pour me faire savoir si ma description, ou plutôt ma version d'une description africaine, compatriote de la licorne, ne vous inspire pas plus de confiance que la description de Pline?.... Ai-je réussi à faire passer mes convictions dans votre esprit, en présentant les faits et les observations suivant un ordre exempt de préméditation, c'est-à-dire sans ordre précis?

Je réclame de votre bonté un jugement synthé-thique plutôt qu'un jugement analytique.

DE L'ORYX.

Il me reste à parler brièvement et incidemment d'un autre animal qui n'a rien d'effrayant, car il appartient au genre gazelle, mais qui aurait, au dire de quelques-uns, un trait de ressemblance avec la licorne, nommément : « une seule corne en tête. » On le rencontre dans les déserts de la Haute-Nubie: il se nomme *ariel*. C'est le nom que lui imposent les Nubiens parlant arabe. Je regarde ce nom comme une corruption de *iyyal*, ou, avec l'article, *aliyyal*, اِيَّل ou الإِيَّل, mot difficile à prononcer pour les modernes Arabes, et qui, dans le langage antique, en hébreu, comme en arabe, signifiait *cervus* ou *caper montanus*. Les Bischaris lui donnent un autre nom, qui, autant que je m'en souviens, offre une grande conformité de son avec la partie radicale d'ὄρυγος génitif de ὄρυξ (*oryx*) , nom d'une chèvre de Gétulie, qui, selon les anciens, n'avait qu'une corne. Il est vrai que mes renseignements ne sont point d'accord sur la question capitale de l'unité, et que toutes les probabilités sont pour ceux qui la nient; mais il est également vrai que la divergence d'opinions qui existe entre les modernes habitants de la haute Nubie relativement à l'antilope-*ariel*, partageait les anciens au sujet de l'*oryx*. Aristote et Pline ne donnent qu'une corne à l'oryx, tandis qu'Hérodote (Melp. CXCII.) et Oppien (*Cynegetic*. l. II, v. 45o.) lui en attribuent deux. Ces indications sont empruntées à l'Histoire d'Hérodote, de Larcher (tom. III, pag. 578 de la 2e édit.); mais je lis dans le texte de Pline, conformément à l'indication de Larcher : *Unicorne et bisulcum, oryx*. Au reste je saurai bientôt à quoi m'en tenir sur cette question essentielle. Un *djellâb* (marchand d'esclaves), en qui j'ai toute confiance, et qui d'ailleurs m'a laissé un gage de son zèle et de sa bonne foi, ne doit rien négliger pour me rapporter une couple, ou tout au moins, un individu de l'espèce *ariel*, dans le cas où l'animal ne serait réellement armé que d'une corne.

Mais, quelle que soit la vérité *objective* en ce qui touche la corne ou les cornes de l'antilope-ariel, le fait subjectif d'une notion répandue chez une famille d'hommes quelconque, civilisée ou barbare, a droit de fixer notre attention. Les erreurs traditionnelles sont, aussi bien que les vérités physiques, des faits positifs. Ce sont des phénomènes de l'esprit humain, dont il faut absolument tenir compte, si l'on veut comprendre l'antiquité. Or, l'opinion reçue chez quelques tribus, ou seulement chez quelques individus sauvages, et, par cela même, fidèles aux vieilles traditions, abâbedèh, blemmyes, troglodytes, suffit ce me semble, pour établir l'identité d'*ariel* avec l'*oryx* des anciens. Je sais qu'un monocéros *ruminant* est un monstre que repoussent le baron Cuvier et toutes les analogies; mais il n'en est pas moins vrai que les anciens ont cru à l'existence de ce monstre, et que de simples habitants de la Nubie et de la haute Égypte y croient encore. Pline a osé écrire : *Unicorne et bisulcum oryx ;* (*bisulcum* , « au pied fourchu, » indique assez un ruminant); et un abbâdy (*sing.* d'*abâbedèh*), un abbâdy de Cosseyr me disait, à propos d'*ariel* : « Je l'ai vu dans la montagne d'Elba où des chasseurs venaient de le prendre, *je l'ai vu;* il n'a qu'une corne au milieu de la tête, et ressemble à une forte gazelle. » Il est vrai que mon abbâdy confessait ne l'avoir vu que de loin, à vingt-cinq ou trente pas de distance, peut-être plus. Ce témoignage a été confirmé par un Dongolâwi, et démenti par d'autres.

Il est remarquable, et c'est ce qui m'a engagé à parler de l'oryx à propos de la licorne, que les éditeurs de la Bible française dite de Cologne, au verset 22 du chapitre xxiii des Nombres, rendent le mot *réem* (licorne) par *oryx*. Ailleurs, ils traduisent le même mot par *rhinocerot* (*sic*, avec un *t*); ailleurs, dans les psaumes, par licorne. Les traducteurs anglais ont été plus conséquents ayant mis partout *unicorn*. Ce qui a pu donner lieu à cette confusion, c'est la description qu'Oppien a faite d'un oryx *qu'il avait vu* (*Hist.* d'Hérod. loc. laud.). Selon cet auteur, l'oryx serait un animal terrible; selon Hérodote, il serait de la taille du bœuf. L'on conçoit que la corne ou les cornes d'un tel animal eussent été prises comme symbole de force. Mais, pour l'oryx-*capra* de Pline, il est impossible de l'identifier avec le *réem* des livres saints; et l'on peut en dire autant de l'*ariel* de Nubie, alors même qu'il n'aurait qu'une corne.

Je crois que l'oryx est le *yahmour* جَحْوُرْ des Arabes (car le mot *ariel* ou *aryal* (أَرْيَل) ne se trouve point dans les lexiques) et que c'est par suite d'une erreur semblable à celle des éditeurs de la Bible de Cologne, que la version arabe de Job rend le mot *réem* par *yahmour*. Mais, quoique le mot *ariel*, ou *aryal*, soit très-probablement une corruption de l'hébreu *ayyâl*, אֱיָל (*cervus*), ou de l'arabe *iyyal*, إِيَّل, qui a le même sens, je ne pense pas que l'*ariel* des modernes Nubiens soit l'*ayyâl* ou l'*iyyal* des anciens peuples sémitiques.

Observons que le mot *yahmour*, plus hébraïque qu'arabe, est de la même racine que *hémâr*, حِمَار, qui veut dire «âne», et a pu donner lieu à la notion grecque et romaine d'un solipède unicorne, par suite d'une interprétation *étymologique* erronée, car Pline et Aristote croyaient à l'existence d'un *âne*

armé d'une corne. Les Grecs et les Romains n'ai-
maient point à transcrire les noms barbares; ils
voulaient les traduire, bien ou mal. C'est ainsi qu'ils
ont fait *Erythras* et *Phœnix* de *Himyar* حِمْيَر, qui est
de la même racine que أَحْمَر, *ahmar* (*ruber*), et une
mer Erythrée ou mer Rouge de la mer de Himyar,
ou des Homérites, ou Phéniciens primitifs, des-
cendants de Himyar « le rougeaud, » par opposition
aux blancs et aux noirs, entre lesquels il se trouvait placé.

Que de richesses ignorées dans l'intérieur de
l'Afrique! Que d'animaux, et quels animaux! Que de
plantes, et quelles plantes! Tout est possible autour
d'un lac d'eau douce situé entre le 10° et le 15° degré de latitude.

Deux hardis voyageurs, MM. Bell et Plowden,
dont le premier a déjà fait ses preuves en Abyssinie
et sur la frontière du pays galla, sont partis, il y a
environ un mois, de Djeddah pour Moussaouâ,
d'où ils doivent se rendre, par Gondar, à Naréa et
au delà, s'il est possible. Le principal but de leur
voyage est d'explorer le plateau central de l'Afrique,
et de reconnaître les sources du Nil blanc, que l'on
sait être vers Sédama, pays chrétien, et non loin
du méridien du Caire.

Un autre voyage, tout aussi intéressant et tout
aussi praticable, serait celui de Borgou et Baguermé

par Dâr-Foûr ; mais il y a tant d'explorations à
faire, en Afrique et en Arabie, et tant d'hommes
de bonne volonté pour les entreprises les plus pé-
rilleuses, que l'on peut s'étonner à bon droit, et du
zèle de ceux qui veulent jouer leur vie dans des
voyages aventureux, et de la profonde indifférence
qui laisse leur courage sans emploi.

Un Hanovrien, M. le baron de Wrède, vient de
partir d'ici *sans secours*, et sans aucune ressource
personnelle, pour le port de Mekalla, (Arabie mé-
ridionale). Il se propose d'explorer l'intérieur du
Hadramaut, Mareb, etc.

M. Parkin vient d'arriver ici; c'est un très-jeune
voyageur qui doit rallier MM. Bell et Plowden.
Mais du moins M. Parkin a *le moyen* de voyager.

J'ai l'honneur d'être, etc.

F. Fresnel,

Correspondant de l'Institut,
Agent consulaire de France à Djeddah.

Djeddah, le 30 janvier 1844

. . . . Outre les témoignages directs que j'avais
en écrivant mon Mémoire, j'ai recueilli le témoignage indi-
rect d'un Borgawi actuellement à la Mecque, qui a pris une
licorne dans son pays, et en a fait hommage à Sultan-Scherif,
roi de Borgou, résidant à Ouara..... Il confirme la description du pied, et le fait singulier des oscillations de la corne
dans une progression tranquille de l'animal, et de sa rigi-

dité, ou plutôt de sa fixité au moment de l'attaque..... Les deux protéburances dont j'ai parlé ne sont pas derrière les oreilles; ce sont deux cornes rudimentaires semblables à celles d'un veau, à droite et à gauche de la corne centrale...... La peau n'est pas aussi épaisse que je l'avais cru : celle du rhinocéros (gnälät en borgawi), celles de l'éléphant et de l'hippopotame sont plus épaisses. Les jambes n'ont pas l'épaisseur de celles de l'éléphant, mais la plante du pied a le même diamètre. La trace du pied a été correctement décrite dans la lettre que j'ai eu l'honneur de vous adresser. Du reste, l'animal ressemble à un taureau sauvage, quoique ses jambes ne se plient pas lorsqu'il est couché, mais restent étendues et comme rigides à côté de son corps.

F. F.

FIN.

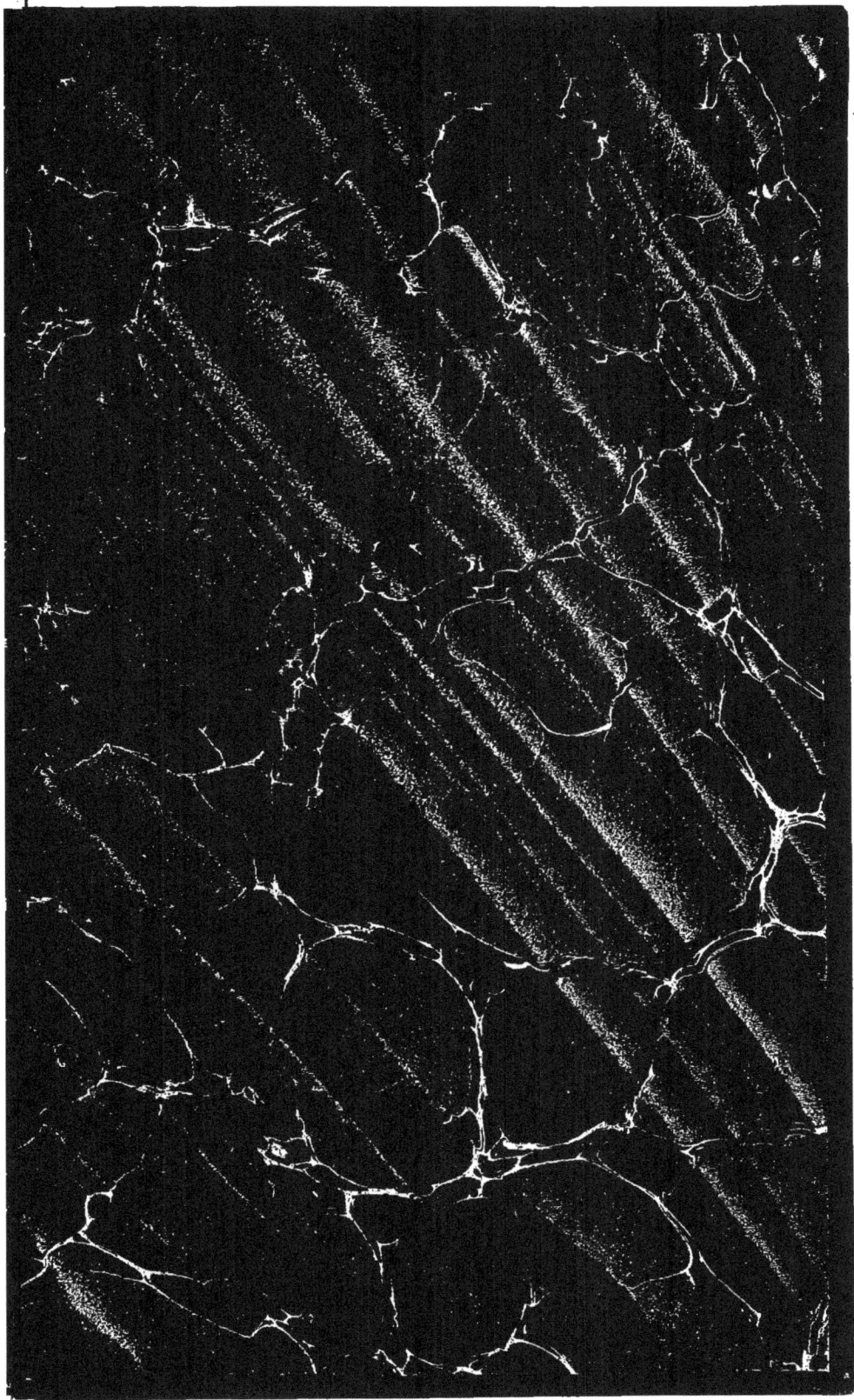

.

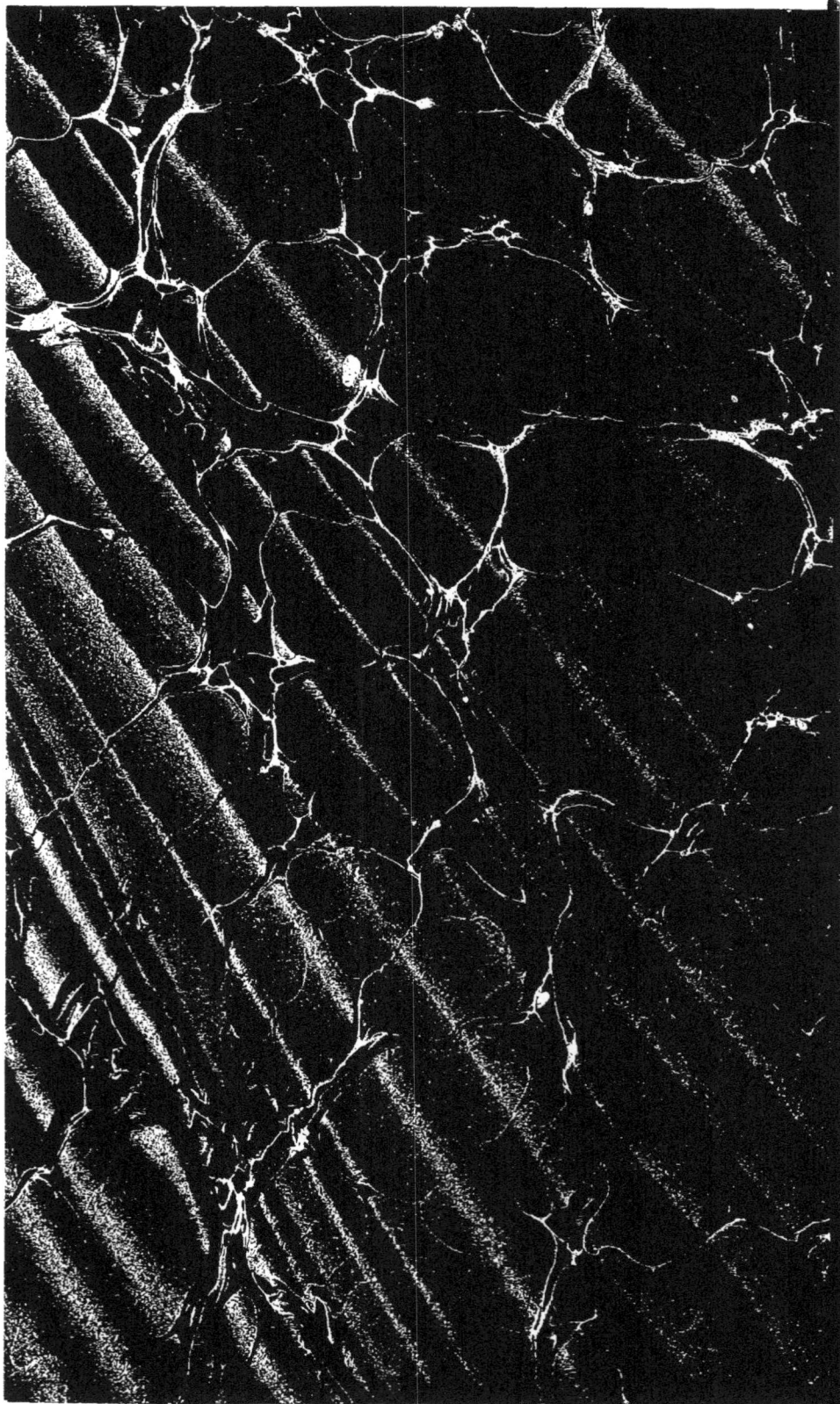